# ヒヨドリときのみ

谷口ひとみ

ここは日本のどこにでもある普通の町。
町を一望できる公園の木の上に、一羽のヒヨドリがとまっています。

この町にはヒヨドリの他にも、メジロやコゲラ、シジュウカラといった鳥たちが暮らしています。きっと、あなたの住む町にも、いろいろな鳥たちが住んでいることでしょう。
春から秋にかけて、町のなかを注意深くみてみましょう。

メジロ

ほら、メジロが桜の蜜を吸っていますよ。あちらではコゲラが木をつついて、中の虫を啄んでいます。シジュウカラは大きなアオムシを食べていますね。あなたの町でも、こんな姿をきっと見かけることができるでしょう。

シジュウカラ

町のなかでも、自然はつながりあっています。

メジロが次々と花の蜜を吸うことで、花粉が運ばれ、やがて花は実を結びます。コゲラやシジュウカラが適度に虫を食べることで、木の葉っぱが虫たちに食べ尽くされる心配もありません。

コゲラ

メジロやコゲラ、シジュウカラは、それぞれ自分たちの食べ物を探して食べているだけ。でも、こうした鳥たちが木々の周りにいることで、自然はうまくなりたっているのです。

木々の花が終わり、虫たちが姿を消す季節になると、鳥たちはなにを食べているのでしょうか。
それは、きのみです。
固く、渋く、食べにくかったきのみの多くは、季節が秋へと向かうころ、熟して、色づき、柔らかく、甘くなります。

でも、どうして、きのみは熟して甘くなるのでしょうか。
その秘密は、きのみを食べにくる鳥たちが教えてくれるかもしれません。

さっきのヒヨドリが食べ物を探しに行くようです。
少しヒヨドリの様子を覗いてみましょう。

ナンキンハゼ
ネズミモチ
ムラサキシキブ
センリョウ
シャリンバイ
ヤブラン

ヒヨドリがムクノキの実を見つけ食べはじめました。ムクノキの実は10月ごろに熟します。人が食べてもカキのように甘くておいしいきのみです。ヒヨドリをはじめ鳥たちにとって、ムクノキなどのきのみは、虫や花が少なくなる季節の最高のごちそうです。

ムクノキの実のほかにも、人が食べてもおいしいきのみは、たくさんあります。

それぞれの季節に食べごろをむかえる、おいしいきのみを紹介しましょう。

近くの公園や庭にも、こんなきのみがなっていませんか。

春〜初夏

### クサイチゴ

果実は小さな核果が並んだ集合果で、直径1cmほどの球形。5〜6月に熟すと赤くなる。ひとつの核は約1.5mmのドロップ形。

### ユスラウメ

果実はツヤのある球形で約1cm。
種子は楕円形で約4mm。

### ウグイスカグラ

果実は1.5cmほどの楕円形。
種子は楕円形で約4mm。

### ヤマモモ
果実は直径2cmほどの球形。種子を覆う核は扁平の卵形。

### ヤマグワ
果実にみえる部分は偽果であり、萼が肥大化したもの。1.5cmほどの楕円形で、初夏に熟し、赤黒色になる。そのなかにある種子のようなものが、痩果。

夏〜初秋

### ブラックベリー

果実は2cmほどで、小さな核果が集まった集合果。種子は2mm程度と小さいが、核に覆われているため硬い。果肉は酸味がありおいしく、ジャムなどにも適する。

## ナツメ

果実は長さ2cmほどの楕円形。暗紅色に熟す。種子は核と呼ばれる殻に覆われている。核は細長いラグビーボール形で、不規則な縦の溝がある。

## ナツハゼ

果実は直径約5mmの球形。頂部に萼跡がサクラの花の模様で残る。種子は長さ1.5mmほどのドロップ形で表面に細かい網目模様がある。

## ヤマボウシ

果実は集合果。直径約1.5cmの球形。種子を覆っている核は5mmほどのドロップ型のものから3mmほどの球形のものまでさまざま。

秋

### アケビ
果実は長さ7cmほど、直径3cmほどの楕円形。紫色に熟すと裂開する。種子は6mmほどの黒茶色の球形またはドロップ形。

### シャシャンボ
果実は直径5mmほどの球形で頂部に萼片がある。黒紫色に熟す。種子は長さ約1mmの楕円でやや湾曲している。

### イヌマキ
種子は直径1cmほどのいびつな球形。基部に果床がつき、成熟するにつれて種子を包み込む。熟すと果床は紫色になる。

### フェイジョア
果実は種類にもよるが、ニワトリの卵程度の楕円形のものが多い。小さな種子がたくさんはいっている。

秋〜冬

### マメガキ
果実は直径1〜2cmの球形。霜にあたると黒紫色になり甘みを増す。種子は長さ12mmほどの半楕円型。

### サルナシ
果実は長さ2cmほどの広楕円形。種子は長さ2mmほどの楕円形でたくさん入っている。

### エビヅル
果実は直径6mmほどの球形。熟すと黒くなる。種子は暗赤褐色のドロップ型。長さは4〜5mm。

### フユイチゴ
果実は直径約1cmの球形。集合果。核は長さ2mmほどのドロップ形。

### エノキ
果実は直径6㎜ほどの球形。熟すと赤褐色になる。核は直径約5㎜で網目状の隆起がある。

### ウワミズザクラ
果実は直径約8㎜。先のとがった卵型。熟すと赤から赤黒くなる。種子は、ヤマザクラなどの種子と似ている。5㎜ほどで一筋の綾がある。

### イチゴノキ
果実は直径1.5cmほどの球形。表面のざらつきが特徴。緑色から熟すにつれオレンジ色、赤色と変わる。

ヒヨドリは山に行くようです。
ついて行ってみましょう。

秋の山には食べごろをむかえたきのみが、たくさんあります。
ヒヨドリはホオノキの実を見つけたようです。
実の中にある種子を、おいしそうに食べています。

次は里山に向かうようです。

人の暮らしに近い里山にも、ミツバアケビの実やフユイチゴの実などのきのみが実っています。

ヒヨドリは、ヒサカキの実を見つけたようです。今度は、海の方に飛んで行きました。浜辺にも、きのみがあるのでしょうか。

浜辺の植物も、たくさんの実をつけています。意外に思うかもしれませんが、鳥たちにとっては浜辺も大切な食事場所の一つなのです。

ヒヨドリはトベラの実が目当てだったようです。

カクレミノ　ノイバラ　ハマボッス　トベラ　ハマナス

町の方に戻るようですね。
はじめにいた公園以外にもきのみが実っているのでしょうか。

ハマゴウ

ハマボウ

ヒメユズリハ

ヒヨドリが休憩をしたと思ったら、フンをしました。
フンの中には公園や森、里山や浜辺、そして庭先で食べたきのみのタネが入っています。

フンに混じって地面に落ちたタネのいくつかは、やがて芽を出し、いずれは木に育っていくことでしょう。

ヒヨドリがいろいろな場所を巡って、きのみを食べていたのは、それぞれの場所に、おいしいきのみが実っていたからです。

もうわかりましたね。どうして植物は、おいしいきのみを実らせるのか。そうです。植物がおいしいきのみを実らせるのは、鳥たちに食べてもらうためだったのです。

ヒヨドリなどの鳥たちがきのみを食べ、いろいろな場所でフンをする。フンの中のタネは、やがて芽を出し木に育っていく、こうして森は広がっていくのです。

家の庭に、植えた覚えのない木や草花が、いつのまにか育っていた。なんて経験はありませんか？ それは、鳥たちが運んできたタネが芽を出したものかもしれません。

いろいろな鳥たちが、それぞれ好きなきのみを食べ、
タネを運んでいるのです。

地面に落ちた鳥のフンをみつけたら、どんなタネが
混じっているか見てみるとおもしろいですよ。

ガマズミの実をたべる
ムクドリとジョウビタキ

鳥のフンに混じったタネが何のタネなのかわかれば、
その鳥がどんなきのみが好きなのか、どこで食事を
しているのかが想像できます。
さまざまな形をしたタネが、どんな植物のタネなの
か、みてみましょう。

まるいタネ

### ノササゲ
サヤの中に種子が入っている。
種子は直径約6㎜。黒紫色の
球形。秋〜冬にかけて種子が
熟す。

### マンリョウ
冬の初めに丸い果実は熟して
赤くなる。種子は核と呼ばれ
る殻に覆われる。核は球形で
縞の模様がある。

### ナンテン
秋から冬にかけて球形の果実が熟す。
種子は6㎜ほどで、ほぼ球形。

## ほそながいタネ

### センダン
果実は楕円形。冬に熟す。種子は核と呼ばれる殻に覆われる。核は楕円形で縦に溝が入る。

### ウラジロノキ
小さなリンゴのような果実をつける。熟すのは秋から冬にかけて。種子は7mmほどのナミダ型で一つの果実に2つ入る。

## ちいさなタネ

### ダイオウグミ
果実は3cmほどの赤い楕円形。初夏に熟す。種子は長さ1cmほどの狭い楕円形で、溝と稜が入る。

### イズセンリョウ
果実は冬になると乳白色に熟す。種子は非常に小さく1mmほどで1つの実に多数の種子が入っている。

おおきなタネ

### ホオノキ

複数の袋状の果実（袋実）が集まった集合果で、1つの袋実の中に赤い仮種皮に覆われた1cmほどの種子が1～2個入っている。秋口から冬にかけて果実が熟す。

かわったかたちのタネ

### アオツヅラフジ

果実は直径6～7mmの球形。粉白をおびた黒色に熟す。核は直径5mmほどのアンモナイト型。

### オキナワスズメウリ

スイカのような模様の入った2.5cmほどの丸い果実。種子は6mmほどのクロワッサン型。秋に果実が熟す。

ヒヨドリは、また飛び立って行きました。
きっとまた、きのみを食べに行ったのでしょう。

ヒヨドリが生きていくために、きのみを実らせる植物は欠かせない存在です。
また、植物にとっても、タネを運んでくれるヒヨドリのような鳥たちは欠かせない存在です。
ですが、鳥や植物は人間のように約束をして、このような関係を作ったのではありません。長い長い時間のなかで築きあげられてきました。
鳥と植物は知らないうちに、お互いに助けあいながら生きているのです。

ムラサキシキブの実をたべる
カワラヒワ

## 著者　谷口ひとみ

1958年大阪府高石市生まれ。堺市在住。高校卒業後大阪市役所に奉職。
2000年絵本作家松岡達英氏に出会い植物画を始める。植物画通信講座を修了し、
個展、グループ展を多数開催。ボタニカルアートコンテストでも多数受賞する。
2012年退職後、シニア自然大学校に入校。現在は植物研究科で植物観察や調査
をしながら、木の実と種子を描くのをライフワークとしている。本書は処女作
である。

# ヒヨドリときのみ

2018年9月1日　初版第1刷発行

著　　　者　　谷口ひとみ
発　行　者　　前田　朋
発　行　所　　合同会社ヴィッセン出版
　　　　　　　京都編集室
　　　　　　　〒604-8231　京都市中京区蛸薬師通西洞院西入元本能寺南町361番地1
　　　　　　　藤和シティホームズ元本能寺402号
　　　　　　　宮崎編集室
　　　　　　　〒880-0853　宮崎市中西町185番地7
編　　　集　　前田皓明
装　　　幀　　小野晴美

印刷・製本　　亜細亜印刷株式会社
©2018 Hitomi Taniguchi
ISBN978-4-908869-10-5　C0745　Printed in Japan

落丁本・乱丁本の場合はヴィッセン出版宛にお送りください。送料当社負担にてお取り替えいたします。
本書の内容を無断で複写、複製することを禁じます。
定価はカバーに表示しています。